科学家致青少年科普系列丛书 · 数学

跨越时空的数学家

袁亚湘　刘　歆 ◎ 编著

张婷婷 ◎ 绘

電子工業出版社

Publishing House of Electronics Industry

北京 · BEIJING

特邀审稿：田 刚　张伟平　席南华　张平文　李 骏

特邀编审：李文林

美术指导：李文林　荆 鹏

美术设计：张婷婷　荆 鹏

创意支持：陈佳君

星空图片支持：星球研究所　李政霖

图书在版编目（CIP）数据

跨越时空的数学家．图册篇 / 袁亚湘，刘歆编著；张婷婷绘．— 北京：电子工业出版社，2022.4

（科学家致青少年科普系列丛书．数学）

ISBN 978-7-121-43143-2

Ⅰ．①跨…　Ⅱ．①袁… ②刘… ③张…　Ⅲ．①数学－青少年读物　Ⅳ．① O1-49

中国版本图书馆 CIP 数据核字 (2022) 第 045729 号

责任编辑：孙清先
印　　刷：北京尚唐印刷包装有限公司
装　　订：北京尚唐印刷包装有限公司
出版发行：电子工业出版社
　　　　　北京市海淀区万寿路 173 信箱　　邮编：100036
开　　本：787 × 1 092　1/16　印张：8.75　字数：128.00 千字
版　　次：2022 年 4 月第 1 版
印　　次：2022 年 4 月第 1 次印刷
定　　价：98.00 元

凡所购买电子工业出版社图书有缺损问题，请向购买书店调换。若书店售缺，请与本社发行部联系，联系及邮购电话：（010）88254888，88258888。

质量投诉请发邮件至 zlts@phei.com.cn，盗版侵权举报请发邮件至 dbqq@phei.com.cn。

本书咨询联系方式：（010）88254509，765423922@qq.com。

谨以此书

献给为人类发展做出杰出贡献的数学家

序

泰勒斯使用一根木棒测出了金字塔的高度，阿基米德利用一盆水鉴别出皇冠是否是纯金制作， 刘徽运用出入相补原理测量出山的高度和水的深度……神秘的大自然从古至今都在激发着人类对它的好奇心，更激发了人类掌控它的斗志！

世界的变化日新月异，科技的发展迅猛飞速，这些变化与发展都离不开数学。数学，是所有自然科学的基础，是人类文明的重要组成部分。数学使人类从混沌中发现规律，将无序变为有序，让昏暗臣服于光明！

对于书中的64位数学家而言，数学不是一堆枯燥乏味的公式、定义、定理和符号，而是好奇心，是游戏，是魔法棒，是创生力！因为有了数学，他们的生活多姿多彩，他们的生命颇富传奇！

书中对每个数学家的介绍，仅限于其在数学方面最主要的贡献。读者了解了这些数学家及其贡献，对数学发展的全貌也就有了一个大致的轮廓认识。另一方面，我们特别希望本书能培养青少年对数学的兴趣，激发青少年对数学的热爱，引导他们热爱科学，培养他们的科学精神。

书中，手握数学魔法棒的64位数学家，正等待着如朝阳、如乳虎的青少年大踏步迈入数学之门，美哉！壮哉！前途似海，来日方长！

在电子工业出版社孙清先编辑和张婷婷女士的诚挚提议与大力推动下，本书的立项和出版得以实现。同时，张婷婷女士妙手丹青，为64位数学家绘制了栩栩如生、逼真传神的画像，在此表示诚挚的敬意和深深的感谢！本书还得到了数学界许多同仁的鼎力相助，在此一并致谢！

云路有梯，学海无涯！由于作者数学史方面的知识有限，书中难免有不妥之处，敬请读者批评指正！

李玉刚 刘敏

2022年2月8日于北京

当我们谈论数学时
脑海中或许会浮现
复杂的几何
烦琐的运算
难解的方程
未证的猜想
……

虽然数学总是给人一种抽象的感觉
但我们深知
它渗透在我们生活的方方面面

从手机通信到飞机设计
从 CT 检查到交通控制
从石油勘探到天气预报
……
无处不需要数学
一切都与数学息息相关

数学是人类智慧最浪漫而周密的璀璨结晶

但究竟什么是数学

诺贝尔物理学奖得主尤金·维格纳说：

“数学是为了有技巧地运用概念与规则而发明的科学；

主要强调的是概念的发明……

然而大部分更高深的数学概念，

诸如复数、代数、线性算子、博雷尔集等

则是数学家设想出来的，

以作为展现其巧思与形式美感的主题。”

——《数学在自然科学中不合理的有效性》

或许我们可以说

数学就是数学家所从事的研究

那么数学家都在研究什么

历史上又有哪些重要的数学家

我们要从 2600 年前的米利都开始

它或许是雅典与斯巴达黄金时代之前

古希腊最重要的一座城邦

在那里，发生了一场重要的思想革命

……

泰勒斯

Thales of Miletus

简介：古希腊哲学家、几何学家和天文学家，希腊最早的哲学学派——爱奥尼亚学派的创始人。他是第一个提出“世界的本原是什么？”的哲学家，并肯定了在一切表面现象的千变万化之中有一种始终不变的东西，尝试用理智来面对宇宙，而不是依赖神、灵、鬼、怪及其他神秘的力量，是“古希腊七贤”之首，并被后人称为“哲学和科学的始祖”，是学界公认的“西方哲学史第一人”。

主要的数学成就：泰勒斯引入了命题证明的思想，给几何学添加了逻辑结构的成分。这标志着人们对客观事物的认识从经验上升到理论，他的思想深远地影响了科学的发展。数学上的泰勒斯定理——直径所对的圆周角是直角，这个定理很可能是他在巴比伦旅行期间学来的。据说，在埃及，泰勒斯用垂直树立一根棍棒的方法来测量金字塔的高度，即在棍棒的长度与它的影子的长度相等的那一刻，测量金字塔的影子的长度，影子的长度就是金字塔的高度。

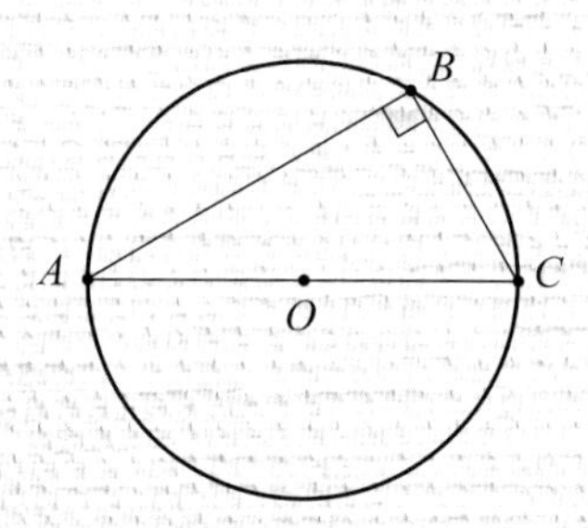

泰勒斯定理

若 A、B、C 是圆上的三个点，
且 AC 是该圆的直径，
那么 $\angle ABC$ 必然为直角.

毕达哥拉斯

Pythagoras of Samos

简介：古希腊哲学家、数学家和音乐理论家，他曾就学于泰勒斯，继而拾起数学的火炬，在希腊的克罗顿形成了毕达哥拉斯学派。

主要的数学成就：毕达哥拉斯是第一个注重“数”的人。他把非物质的、抽象的数夸大为宇宙的本原，认为“万物皆数”、“数是万物的本质”、“宇宙是数及其关系的和谐体系”。毕达哥拉斯认为数是众神之母，是普遍的始原，是真实物质的终极组成部分。毕达哥拉斯还发现了毕达哥拉斯定理，即勾股定理。

后来，人们根据毕达哥拉斯对数学的研究，提出了理念论和共相论。毕达哥拉斯坚持数学论证必须从“假设”出发，开创了演绎逻辑思想。《几何原本》中前两卷的大多数材料应归功于毕达哥拉斯学派，这意味着几何这一学科是在泰勒斯与毕达哥拉斯之后快速发展起来的，毕达哥拉斯及毕达哥拉斯学派对数学的发展产生了很大的影响。

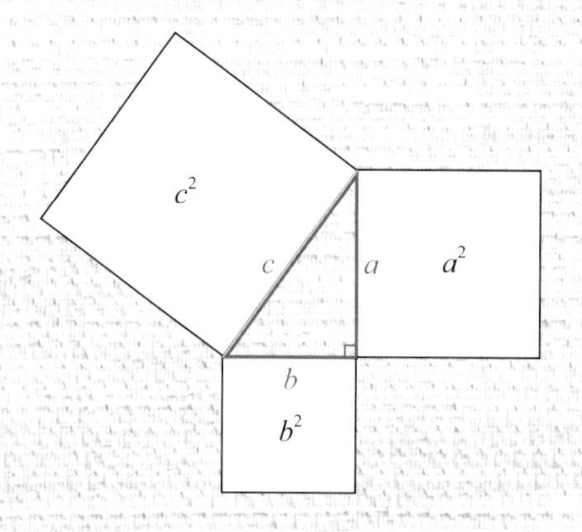

毕达哥拉斯定理（勾股定理）：$a^2+b^2=c^2$

欧几里得

Euclid of Alexandria

简介：古希腊数学家，被称为“几何学之父”。

主要的数学成就：欧几里得最著名的著作《几何原本》是欧洲数学发展的基础，该著作总结了平面几何五大公设和五个公理。公设应用于几何，公理适用于一切科学，它是历史上最成功的教科书之一。

《几何原本》研究的主要对象是几何学，但它还研究了数论、无理数理论等其他数学问题。例如，求两个整数的最大公因数的欧几里得算法。欧几里得提出了什么是“数学证明”：就是用五条公设，把当时知道的几何定理严格地推导出来。这种公理化的推导方法对后来科学的发展产生了深远的影响，成为建立知识体系的典范。

几何原本

阿基米德

Archimedes of Syracuse

简介：古希腊哲学家、“百科全书式”的科学家、数学家、物理学家、力学家，静态力学和流体静力学的奠基人，享有“力学之父”的美称。

主要的数学成就：阿基米德在对圆的度量中，利用圆的外切与内接 96 边形，估计了圆周率的范围在 $\frac{223}{71} \sim \frac{22}{7}$。

阿基米德使用“逼近法”近似算出球表面积、球体积、抛物弓形、椭圆面积。后世的数学家依据这种方法发展出近代的“微积分”。他还用“逼近法”研究出螺旋形曲线的性质——螺线第一圈与初始线所围的面积等于第一个圆的三分之一。现在的阿基米德螺线，就是为了纪念他而命名的。另外，他在《数沙术》一书中，创造了一套记录庞大数目的方法，从而简化了记数的方式。

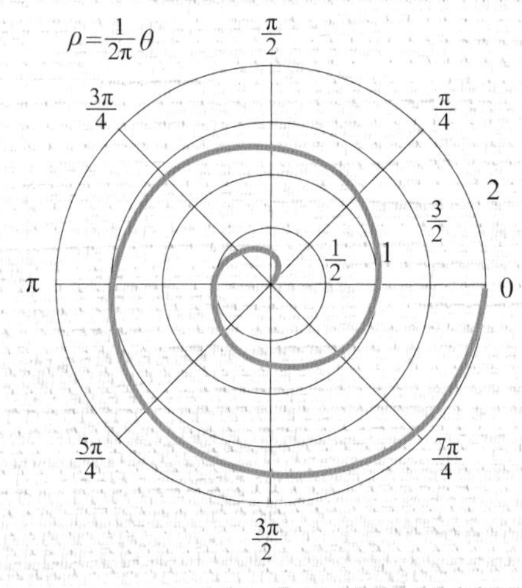

阿基米德螺线

阿波罗尼奥斯

Apollonius of Perga

简介：古希腊数学家，天文学家。

主要的数学成就：阿波罗尼奥斯的著作《圆锥曲线论》是古代科学的光辉成就，此书集前人之大成，且提出了很多新的性质。阿波罗尼奥斯将圆锥曲线的性质网罗殆尽，使后人几乎没有插足的余地。他推广了梅内克缪斯（最早系统研究圆锥曲线的古希腊数学家）的方法，证明了三种圆锥曲线都可以由同一个圆锥体截取而得，并给出了“抛物线、椭圆、双曲线、正焦弦”等名称。在此书中，已经记载了坐标制的思想。他以圆锥体底面直径作为横坐标，过顶点的垂线作为纵坐标，这种做法对后世坐标几何的建立给予了很大的启发。他在解释太阳系内五大行星的运动时，提出了本轮、均轮的偏心概念，为托勒密的地心说提供了依据。

丢番图

Diophantus of Alexandria

简介：古希腊数学家，代数学的创始人之一。

主要的数学成就：丢番图的著作《算术》与欧几里得的数学毫不相同，它完全脱离了几何的方法，开创了一个新的分支。丢番图的研究成果在数论中占有重要地位，比如，提出了丢番图方程、丢番图逼近等。丢番图引入了未知数，并对未知数加以运算，建立了方程的思想。《算术》中讨论了一次、二次及特殊的三次方程，尤其包括了大量的不定方程。对于有一个或者几个变量的整系数代数方程，如果只考虑其整数解，那么它就被称为丢番图方程。

约284年

刘徽

Liu Hui

简介：魏晋数学家，中国古典数学理论的奠基人之一。

主要的数学成就：刘徽于魏元帝景元四年为《九章算术》作注，并将独立撰写的《重差》附在最后，作为《九章算术注》第十卷。到了隋唐时代，将第十卷摘出并单独成书，称为《海岛算经》。《海岛算经》发展了古代天文学的“重差术”，成为勾股测量学的典籍。它们都是中国宝贵的数学遗产。

刘徽提出了用割圆术计算圆周率的方法及关于多面体体积计算的刘徽原理；他依据“割补术”，另辟蹊径作青朱出入图，证明了勾股定理；他指出了《九章算术》中计算球体体积公式的不精确性，并引入了“牟合方盖”这一著名的几何模型，用无穷小方法论述了四面体与方锥体的体积公式，得到了“牟合方盖”与其内切球的体积之比是 $4:\pi$。后来，祖冲之、祖暅氏父子使用体积之比巧妙地计算出球体积为 $V=\frac{4}{3}\pi r^3$。他还应用中国传统的出入相补原理，测量山的高度和水的深度。

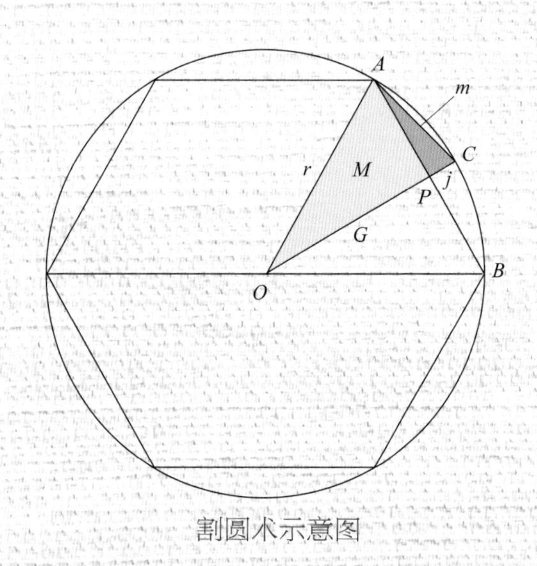

割圆术示意图

约295年

希帕蒂娅

Hypatia of Alexandria

简介：古埃及数学家、天文学家、哲学家。历史上第一位杰出的女数学家。

主要的数学成就：希帕蒂娅精通数学，尤其对欧几里得几何有精辟的见解。她全力协助父亲赛翁注释了欧几里得的《几何原本》，为《几何原本》经久不息地广泛流传做出了巨大贡献。后世研究显示，她曾对丢番图的《算术》、阿波罗尼奥斯的《圆锥曲线论》及托勒密的《数学汇编》做过评注，但均未留存。另外，有少许证据显示，希帕蒂娅在科学上最知名的贡献是发明了星盘、平面球形图及比重计。

祖冲之

Zu Chongzhi

简介：南北朝时期杰出的数学家、天文学家。

主要的数学成就：中国人对圆周率的痴迷，在祖冲之的计算中达到了高峰。他在刘徽开创的探索圆周率精确方法的基础上，首次将圆周率精算到小数点后第七位，即在 3.1415926 和 3.1415927 之间，他把 3.1415926 作为朒（nǜ）数，把 3.1415927 作为盈数，他还给出了圆周率的两个分数形式：$\frac{22}{7}$（约率）和 $\frac{355}{113}$（密率）。他估计的圆周率在 1000 年后，才被阿拉伯数学家阿尔卡西才超越。他还著有《缀术》一书，书中提出了“开差幂”和“开差立”的概念，并涉及二次方程和三次方程的求根问题。另外，由他撰写的《大明历》，在其儿子祖暅的强烈建议下，被梁朝采用。《大明历》是当时最科学的历法，为后世的天文研究提供了正确的方法。

宋末 南徐州從事史祖沖之 更開密法 以圓徑一億為一丈 圓周盈數 三丈一尺四寸一分五厘九毫二秒七忽 朒數三丈一尺四寸一分五厘九毫二秒六忽 正數在盈朒二限之間 密率 徑一百一十三 圓周三百五十五 約率 圓徑七 週二十二 又設開差冪 開差立 兼以正圓參之指要 精密算氏之最者也 所著之書名為「綴術」學官莫能究其深奧 是故廢而不理

《隋书 · 律历志》关于祖冲之圆周率的记载

阿耶波多

Aryabhata

简介：印度数学家及天文学家。

主要的数学成就：阿耶波多的主要著作是《阿耶波多历数书》，该书最突出的地方在于改进了希腊三角学和给出了一次不定方程的解法。他把半弦与全弦所对弧的一半相对应，同时他以弧长与圆半径之比来度量对应的角度，是弧度制度量的开端。他还给出了正弦表。阿耶波多最大贡献是创立了求解丢番图方程的“库塔卡”（kuttaka，原意＂粉碎＂）方法，即采用辗转相除法的演算顺序。

阿耶波多的作品是一本描述性的作品，没有清晰的逻辑结构，没有涉及逻辑和演绎方法，正确与错误并存，阿尔比鲁尼曾称阿耶波多的作品是“普通鹅卵石与昂贵水晶的混合物”。

花拉子米

Muhammad Ibn Musa Al-Khwarizmi

简介：阿拉伯数学家、天文学家及地理学家。

主要的数学成就：以花拉子米为代表的阿拉伯人喜欢清晰的论证——系统地从前提推导出结论。他对数学、地理、天文学及地图学的贡献为代数及三角学的革新奠定了基础。他的《代数学》是第一本论述一次方程及一元二次方程的系统著作，因此，他被称为“代数”的创造者。12世纪，花拉子米另一部数学著作《花拉子米算术》被译为拉丁文，书中介绍了从印度传入的十进制位值记数法和以此为基础的算术知识。现代数学中算法（algorithm）一词即来源于该著作的书名，也是花拉子米的人名。

海亚姆

Omar Khayyam

简介：阿拉伯诗人、天文学家、数学家。

主要的数学成就：海亚姆于1070年写下了影响深远的《代数问题的论证》，书中阐释了代数的原理，用圆锥曲线解三次方程。但遗憾的是他没有注意到圆锥曲线的所有交点，可能是因为他不希望看到负数根的出现。然而，这并不影响他在数值代数与几何代数之间架起了一座供后世数学家行走的桥梁。另外，在几何学领域，他也有两项贡献，其一是在比和比例问题上提出新的见解；其二便是对平行公理的批判性论述和论证。

斐波那契

Leonardo Pisano Fibonacci

简介：意大利数学家。

主要的数学成就：斐波那契在 1202 年的著作《计算之书》中给出了一道关于兔子繁殖的有趣问题，该问题产生了“斐波那契数列”（以 0 和 1 开始，前面相邻两项之和构成了后一项）。《计算之书》中的内容在记账、重量计算、利息、汇率和其他方面的广泛应用，显示了印度–阿拉伯记数法比罗马数字更具有实用价值，深深地影响并改变了欧洲数学的面貌。

- $F_0 = 0$
- $F_1 = 1$
- $F_n = F_{n-1} + F_{n-2}$ $(n \geqslant 2)$

斐波那契数列

秦九韶

Qin Jiushao

简介：南宋数学家，与李冶、杨辉、朱世杰并称为“宋元数学四大家”。

主要的数学成就：秦九韶的著作《数书九章》主要偏重于数学的应用，全书 81 道题目都是结合当时的实际需要提出的。其中的大衍求一术（系统地概括了一次同余方程组问题的解法，也就是现在所称的中国剩余定理，也称为孙子定理）、三斜求积术（已知三角形三边求三角形面积公式，与海伦公式等价）和秦九韶算法（高次方程正根的数值求法）是具有世界意义的重要算法，无疑是东方数学的骄傲。

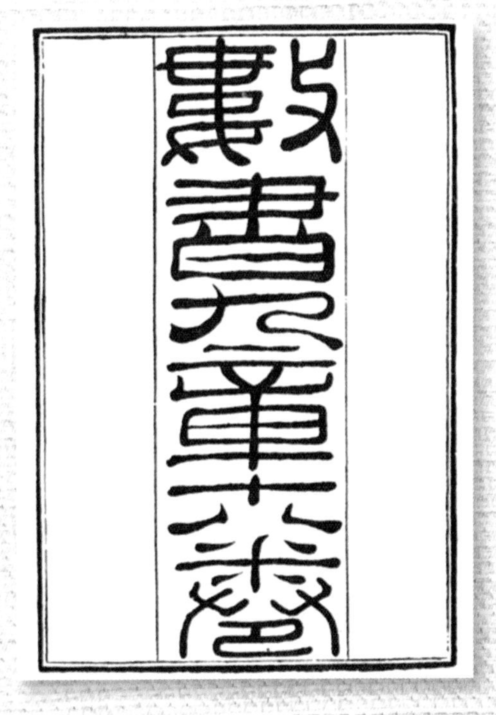
數書九章

数书九章

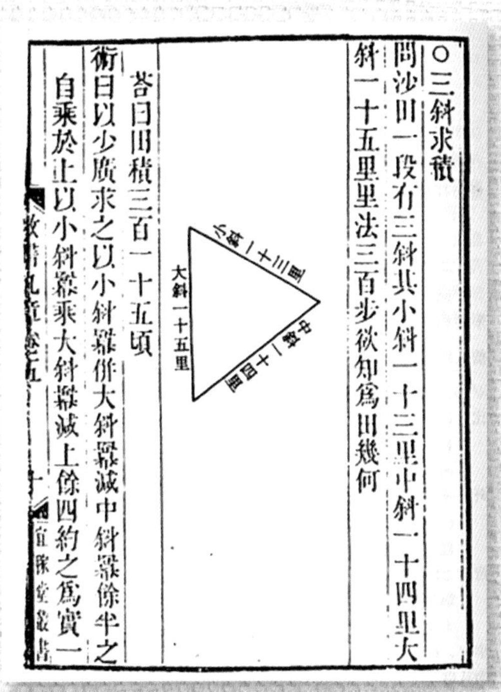
○三斜求積
問沙田一段有三斜其小斜一十三里中斜一十四里大
斜一十五里里法三百步欲知為田幾何

荅曰田積三百一十五頃
術曰以少廣求之以小斜冪并大斜冪減中斜冪餘半之
自乘於上以小斜冪乘大斜冪減上餘四約之為實一

三斜求积术

1261年

约1238年

杨辉

Yang Hui

简介：南宋数学家，与秦九韶、李冶、朱世杰并称为“宋元数学四大家”。

主要的数学成就：杨辉总结了民间乘除捷算法、垛积术、纵横图（幻方），在数学教育方面做出了重大的贡献。他是世界上第一个排出丰富的纵横图和讨论其构成规律的数学家。他还曾论证过弧矢公式，时人称为“辉术”。由于在他的著作里提到贾宪对二项展开式的研究，所以“贾宪三角”又称“杨辉三角”。

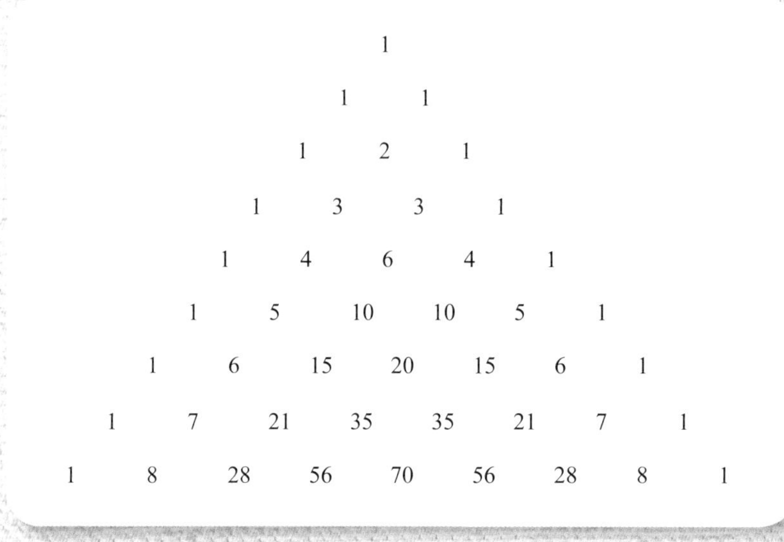

杨辉三角前 9 行

约1298年

朱世杰

Zhu Shijie

简介：元代数学家、教育家，与秦九韶、李冶、杨辉并称为“宋元数学四大家”。

主要的数学成就：朱世杰的主要著作是《算学启蒙》与《四元玉鉴》。《算学启蒙》是一部通俗数学名著，曾流传海外，影响了朝鲜和日本数学的发展。《四元玉鉴》则是中国宋元时期数学登峰造极之作。同时，也是整个中世纪最杰出的数学著作，其中的数学创作有：在天元术的基础上发展出的“四元术”，也就是列出四元高次多项式方程以及消元求解的方法，使用垛积法求高阶等差数列的和，高次内插法。

约1314年

韦达

François Viète

简介：法国数学家。

主要的数学成就：韦达是第一个有意识地、系统地使用代数符号的人，从而推进了方程论的发展。他不仅用字母表示未知量和未知量的乘幂，而且用来表示一般的系数，这样就把重要的参数概念与未知量概念明确地区分开来。他把符号代数称为类的算术，以别于数的算术。他还发现了代数方程根与系数关系的韦达定理，他将已有的三角学系统化，主要著作有《应用于三角形的数学法则》和《分析方法入门》。

开普勒

Johannes Kepler

简介：德国天文学家、物理学家、数学家。

主要的数学成就：开普勒描述了雪花六角对称性，并将该问题加以扩展，提出了后来被称为开普勒猜想的“三维球体最密堆积问题”。开普勒将面积想象为由无穷小的三角形所构成，是将无限小应用到数学的先驱者。开普勒定律，即行星运动三大定律，分别是轨道定律、等面积定律和周期定律。这三大定律最终使他赢得了“天空立法者”的美名。

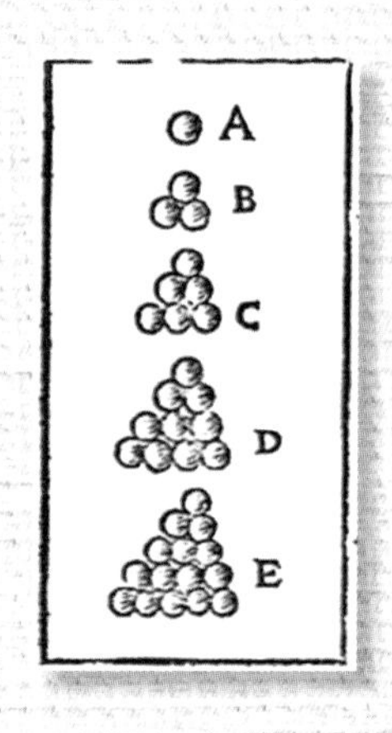

六角雪花中的一幅图

1630年

笛卡尔

René Descartes

简介：法国哲学家、数学家、物理学家，西方近代哲学创始人之一。

主要的数学成就：笛卡尔对现代数学的发展做出了重要的贡献，因为他将几何坐标体系化、公式化，从而被人们尊称为“解析几何之父”。他创造性地将几何图形“转译”成代数方程式，从而将几何问题用代数方法求解。在笛卡尔的著作《几何》中，他论述了作图问题，从而将逻辑、几何、代数方法结合起来，勾勒出解析几何的新方法，从此，数和形就走到了一起。此外，现在使用的许多数学符号都是笛卡尔最先使用的，比如，已知数 a、b、c 以及未知数 x、y、z 等，还有指数的表示方法。他首先发现了凸多面体顶点、面、边数量之间的关系，即：$F-E+V=2$，后人称之为欧拉－笛卡尔公式或欧拉公式。

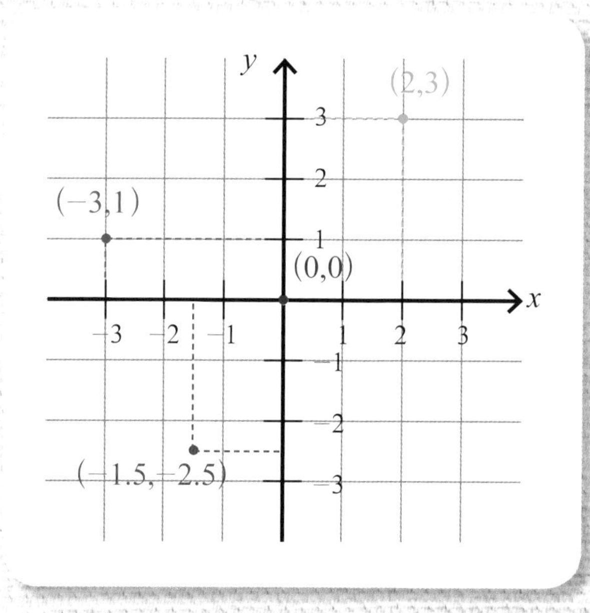

笛卡尔坐标系

费马

Pierre de Fermat

简介：法国律师和业余数学家，被誉为“业余数学家之王”。

主要的数学成就：费马着重研究不定方程解的轨迹，而不是从轨迹寻找方程。他独立于笛卡尔发现了解析几何的基本原理。他建立了求切线、求极大值和极小值以及定积分方法，对微积分做出了重大贡献。在与帕斯卡相互通信交流的过程中，他们探讨并建立了概率论的基本原则——数学期望的概念。他在数论领域提出了很多重大的问题，其中包括给出著名的费马大定理（费马最后定理）和费马小定理。

当整数 $n>2$ 时，关于 x，y，z 的不定方程

$$x^n+y^n=z^n$$

无正整数解.

费马大定理

牛顿

Isaac Newton

简介：英国物理学家、数学家、天文学家，最伟大的科学家之一。

主要的数学成就：牛顿与莱布尼茨分别从不同的角度创立了微积分。他的广义二项式定理适用于任何幂。在他的鼓励下，人们不再像希腊人那样试图避免无穷过程；无穷级数不再被认为只是近似的手段，它在数学中是合理的。他发现了牛顿恒等式、牛顿法，为有限差理论做出了重大贡献，并首次使用分式指数和坐标几何学得到丢番图方程的解。他用对数趋近了调和级数的部分和（欧拉求和公式的基础），并首次有把握地使用幂级数和反幂级数。他还发现了 π 的一个新公式。

$$x_{n+1}=x_n-\frac{f(x_n)}{f'(x_n)}$$

牛顿法

1646年

莱布尼茨

Gottfried Wilhelm von Leibniz

简介：德国哲学家、数学家，被誉为 17 世纪的“亚里士多德”。

主要的数学成就：莱布尼茨和牛顿独立创立了微积分，他所使用的微积分数学符号至今仍被人们广泛地使用。莱布尼茨判别法可以用来判别交错级数的收敛性。另外，莱布尼茨还对二进制的发展做出了贡献，是数理逻辑的先驱。莱布尼茨二进制算术体系在 1701 年以前已经形成。但是，二进制在莱布尼茨的时代并没有得到推广，直到计算机发明后，二进制才真正实现了其应用。

莱布尼茨提出的积分符号

1654年 1705年

伯努利家族

雅各布·伯努利

Jakob Bernoulli

简介：瑞士数学家，概率论的先驱者之一。

主要的数学成就：雅各布·伯努利是最早使用“积分”这个术语的人，也是较早使用极坐标系的数学家之一。他研究了悬链线，还确定了等时曲线的方程。他对数学最重大的贡献是概率论研究。他一生最有创造力的著作是1713年出版的《猜度术》，是组合数学及概率论史的一件大事。在这部著作中，他给出了伯努利数，还提出了概率论中的“伯努利定理”，这是大数定律的最早形式。

设在 n 次独立重复伯努利试验中，事件 X 发生的次数为 n_x，事件 X 在每次试验中发生的总体概率为 p，$\frac{n_x}{n}$ 代表样本发生事件 X 的频率. 则对任意正整数 $\varepsilon>0$，伯努利大数定律表明：

$$\lim_{n\to\infty} P\left\{\left|\frac{n_x}{n}-p\right|<\varepsilon\right\}=1$$

伯努利大数定律

$$P_r[X=1] = p$$
$$P_r[X=0] = 1-p$$

伯努利试验

1667年 1748年

伯努利家族

约翰·伯努利

Johann Bernoulli

简介：瑞士数学家，雅各布·伯努利的弟弟。

主要的数学成就：约翰·伯努利因其对微积分的卓越贡献以及对欧洲数学家的培养而知名，比如，欧拉。约翰·伯努利首先使用了“变量”这个词，并且使函数概念公式化。他曾采用变量替换来求某些函数的积分。他提出了微积分中的一个著名定理——洛必达法则，它是利用导数计算具有不定型极限的一种方法。他还成功地解答了雅各布著名的悬链线问题。另外，他还提出了最速降线的问题。

洛必达法则可以求出特定函数趋近于某数的极限值，令 $c\in\overline{\mathbb{R}}$（扩展实数），两函数 $f(x)$，$g(x)$ 在以 $x=c$ 为端点的开区间可微，$\lim\limits_{x\to c}\frac{f'(x)}{g'(x)}\in\overline{\mathbb{R}}$，

并且 $g'(x)\neq0$，

如果 $\lim\limits_{x\to c}f(x)=\lim\limits_{x\to c}g(x)=0$

或 $\lim\limits_{x\to c}|f(x)|=\lim\limits_{x\to c}|g(x)|=\infty$

其中一者成立，

则称欲求的极限 $\lim\limits_{x\to c}\frac{f(x)}{g(x)}$ 为未定式．

此时洛必达法则表明：

$$\lim_{x\to c}\frac{f(x)}{g(x)}=\lim_{x\to c}\frac{f'(x)}{g'(x)}.$$

洛必达法则

泰勒

Brook Taylor

简介：英国数学家，18 世纪早期英国牛顿学派最优秀的代表人物之一。

主要的数学成就：泰勒主要以泰勒公式和泰勒级数而出名。他的主要著作是《正的和反的增量方法》，书中陈述了他于 1712 年 7 月给他的老师梅钦写了一封信，在信中首次提出著名的定理 —— 泰勒定理。1772 年，拉格朗日强调了泰勒公式的重要性，称其为微分学基本定理。泰勒定理开创了有限差分理论，使任何单变量函数都可以展开成幂级数，因此，人们称泰勒为有限差分理论的奠基者。

$$\sum_{n=0}^{\infty} \frac{f^{(n)}(a)}{n!}(x-a)^n$$

泰勒级数

若函数 $f(x)$ 在包含 x_0 的某个开区间（a,b）上具有（$n+1$）阶的导数，那么对于任一 $x \in (a,b)$，有

$$f(x)=\frac{f(x_0)}{0!}+\frac{f'(x_0)}{1!}(x-x_0)+\frac{f''(x_0)}{2!}(x-x_0)^2+\cdots+\frac{f^n(x_0)}{n!}(x-x_0)^n+R_n(x)$$

其中，$R_n(x)=\frac{f^{(n+1)}(\varepsilon)}{(n+1)!}(x-x_0)^{n+1}$，此处的 ε 为 x_0 与 x 之间的某个值 .

泰勒公式

欧拉

Leonhard Euler

简介：瑞士数学家和物理学家，18 世纪数学界最杰出的人物之一。

主要的数学成就：欧拉对数学的研究非常广泛，是数学史上最多产的数学家。他撰写了大量的力学、分析学、几何学、变分法等著作，其中《无穷小分析引论》《微分学原理》《积分学原理》等都是数学界的经典著作。在数学的许多分支中，经常见到以他的名字命名的重要常数、公式和定理。1736 年，29 岁的欧拉向圣彼得堡科学院递交了《哥尼斯堡的七座桥》论文，这篇论文化不仅解答了问题，还开创了数学的一个新分支——图论。欧拉还引进了许多数学术语的书写格式，例如，函数的记法“$f(x)$”、求和符号“$\sum$”、虚数单位“i”，这些书写记法和符号一直沿用至今。

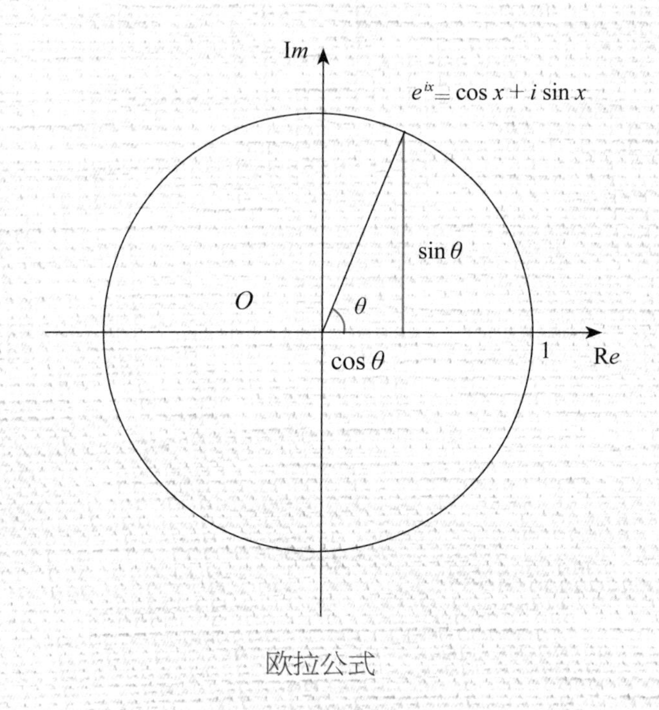

欧拉公式

1736年

拉格朗日

Joseph-Louis Lagrange

简介：法国数学家和天文学家。

主要的数学成就：拉格朗日才华横溢，在数学、物理和天文等领域做出了很多重大的贡献。在 16 岁时，他看到一篇关于微积分的文章，对“纯数学”产生了浓厚的兴趣。他最突出的贡献是把数学分析从几何与力学中独立出来，从而使数学的独立性更为清晰。他解决数学问题的方法是纯解析的，不用图示也可以理解。他的数学成就包括著名的拉格朗日插值多项式、拉格朗日乘子法和拉格朗日中值定理等。另外，他也是分析力学的创立者。

如果函数 $f(x)$ 满足：

1. 在闭区间 $[a,b]$ 上连续；

2. 在开区间 (a,b) 内可微分 .

那么至少有一点 ξ，$a<\xi<b$，使下面等式成立：

$f(b)-f(a)=f'(\xi)(b-a)$

拉格朗日中值定理

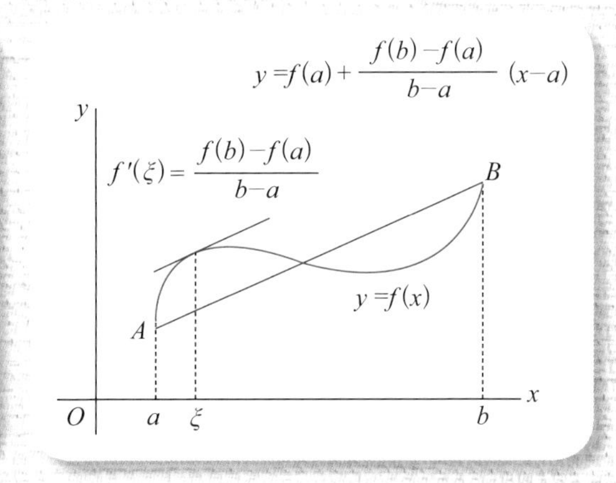

拉格朗日中值定理的几何意义

拉普拉斯

Pierre-Simon Laplace

简介：法国数学家、物理学家、天文学家。

主要的数学成就：拉普拉斯在研究天体问题的过程中，创造了许多数学方法，比如，拉普拉斯变换、拉普拉斯定理和拉普拉斯方程等，这些方法在科学技术的各个领域被广泛应用。他于1812年发表了重要的著作《概率的分析理论》，该书总结了当时概率论研究的整体状况，引入了分析方法。该书集古典概率论之大成，同时，也为概率论的近代发展提供了方法，奠定了基础。因此，拉普拉斯被认为是分析概率论的创始人，也可以说他是应用数学的一名先驱者。

$$F(s)=\int_0^{\infty} f(t)e^{-st}\mathrm{d}t$$

拉普拉斯变换

1768年

傅里叶

Jean Baptiste Joseph Fourier

简介：法国数学家、物理学家。

主要的数学成就：傅里叶的主要贡献是在研究热传导时，创作了经典文献——《热的解析理论》，该文献对19世纪的数学和物理学的发展都产生了深远影响。他提出了傅里叶级数，并将其应用于求解热传导方程。为了处理无穷区域的热传导问题，他又导出了傅里叶积分。这一切都极大地推动了偏微分方程边值问题研究的发展。傅里叶变换用于信号在时域（或空域）和频域之间的变换，在物理学和工程学等领域中有广泛的应用。傅里叶级数和傅里叶变换都是求解线性微分方程的主要工具。傅里叶的原创思想对波动理论和量子力学都有深远的影响。

（连续）傅里叶变换将可积函数 $f:\mathbb{R}\to\mathbb{C}$ 变换成复指数函数的积分或级数形式：

$$\hat{f}(\xi)=\int_{-\infty}^{\infty}f(x)\,e^{-2\pi ix\xi}\mathrm{d}x,\ \xi\text{为任意实数}.$$

变量 x 表示时间（以 s 为单位），变换变量 ξ 表示频率（以 Hz 为单位）.

傅里叶变换

1777年

高斯

Johann Carl Friedrich Gauss

简介：德国数学家、物理学家、天文学家、测量学家，他被认为是历史上最重要的数学家之一，并有“数学王子”的美誉。

主要的数学成就：17 岁时，高斯就发现了质数分布定理和最小二乘法。次年，高斯证明了仅用尺规便可以作出正 17 边形，他的证明为流传了两千多年的欧氏几何提供了重要补充。高斯发现通过处理足够多的测量数据，便可以得到一个新的、具有概率性质的测量结果。基于此，高斯成功得到了高斯钟形曲线（正态分布曲线）。其函数名称被命名为标准正态分布（或高斯分布），并在概率计算中被大量使用。

高斯还总结了复数的应用，并且严格地证明了每一个 n 阶的代数方程必有 n 个实数或者复数解。在他的第一本著名的著作《算术研究》中，给出了二次互反律的证明，成为数论继续发展的重要基础。

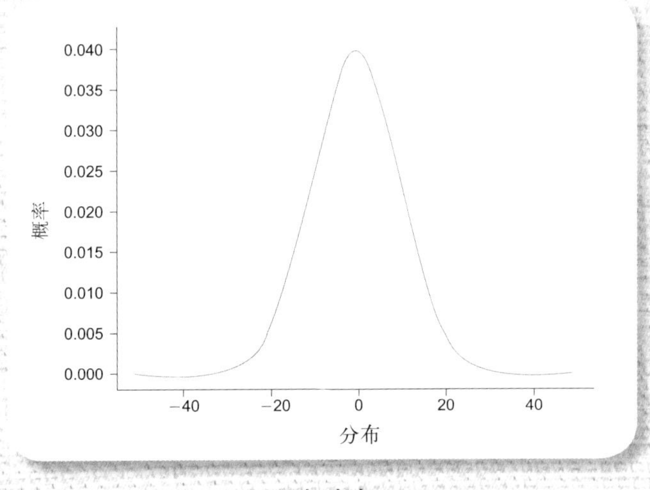

正态分布

柯西

Augustin-Louis Cauchy

简介：法国数学家、物理学家、天文学家。

主要的数学成就：1821年，柯西提出极限定义的方法，就是用不等式来刻画极限过程。后来，经魏尔斯特拉斯改进，成为现在的 ε-δ 定义。当今，所有的微积分教材还在（至少是在本质上）沿用着柯西等人提出的定义，比如，极限、连续、导数、收敛等。柯西以极限为基础，建立了逻辑清晰的分析体系。这是微积分发展史上的精华，也是柯西对科学发展所做出的巨大贡献。柯西在其他方面的研究成果也很丰富，比如，复变函数的微积分理论就是由他创立的。在数学中，很多数学定理和公式都以他的名字来命名，比如，柯西极限存在准则、柯西－施瓦茨不等式、柯西积分公式等。他一生中发表了近800篇论文，较为有名的著作是《分析教程》、《无穷小分析教程概论》和《微积分在几何上的应用》。

数列 $\{x_n\}$ 收敛的充分必要条件是：对于任意给定的正数 ε，总存在正整数 N，使得当 $n>N$，$m>N$ 时有

$$|x_n-x_m|<\varepsilon$$

我们把满足该条件的 $\{x_n\}$ 称为柯西序列，那么上述定理可表述成：数列 $\{x_n\}$ 收敛，当且仅当它是一个柯西序列．

柯西极限存在准则

$$\left|\langle x,y\rangle\right|^2 \leqslant \langle x,x\rangle \cdot \langle y,y\rangle$$

柯西－施瓦茨不等式

罗巴切夫斯基

Nikolai Ivanovich Lobachevsky

简介：俄国数学家，非欧几何的早期发现者之一。

主要的数学成就：罗巴切夫斯基创立了一个逻辑合理的新几何体系——非欧几里得几何学，这就是后来人们所说的罗氏几何。罗氏几何是人类认识史上一个富有创造性的伟大成果。它的创立，不仅带来了近百年来数学的巨大进步，而且对现代物理学、天文学，以及人类时空观念的变革都产生了深远的影响。另外，他还独立拓展了当德兰－格拉夫方法和实数上的函数定义。

阿贝尔

Niels Henrik Abel

简介：挪威数学家。

主要的数学成就：阿贝尔在很多数学领域都做出了开创性的工作，并取得了显著成果。其中，最著名的一个成果是利用置换群证明了当多项式方程的次数大于四时，一般的求根公式并不存在，也就是完整地给出了五次及以上的一般代数方程没有一般形式的代数解的证明。在19世纪初，这个问题是最著名的未解问题之一。他还研究了另一类代数方程，后来人们发现这是具有交换的伽罗瓦群方程。为了纪念他，人们称交换群为阿贝尔群。阿贝尔还研究过无穷级数，得到了一些判别准则以及关于幂级数求和的定理，这些工作使他成为分析学严格化的推动者。他也是椭圆函数领域的开拓者、阿贝尔函数的发现者。

哈密顿

William Rowan Hamilton

简介：英国数学家、物理学家及天文学家。

主要的数学成就：哈密顿最大的成就或许在于重新表述了牛顿力学，创立了哈密顿力学。他的成果在量子力学的发展中起到了核心作用。哈密顿还对光学和代数的发展做出了重要的贡献，还因发现“四元数”而闻名于世。他最突出的数学贡献在微分方程和泛函分析领域，比如，哈密顿算符、哈密顿－雅可比方程等。

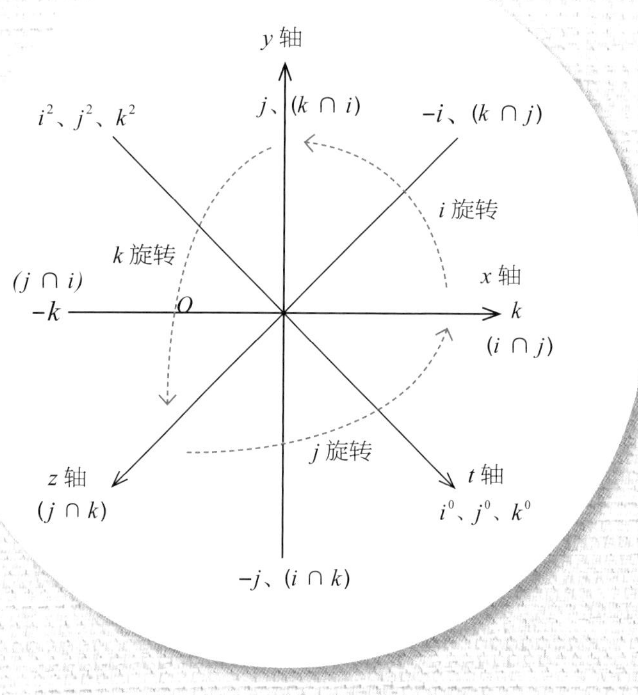

四元数的概述图

伽罗瓦

Évariste Galois

简介：法国数学家。

主要的数学成就：伽罗瓦是第一位使用“群”这一个数学术语来表示一组置换的人，他是群论的创始人。他用群论彻底解决了根式求解代数方程的问题，给出了一个多项式方程是否可根式求解的判定准则，而且由此发展了一整套关于群和域的理论。人们称之为伽罗瓦理论，并把其创造的“群”叫作伽罗瓦群。伽罗瓦理论是当代代数与数论的基本支柱之一，它提供了域论和群论之间的联系，进一步抽象为伽罗瓦连接理论。

1832年

1815年

乔治·布尔

George Boole

简介：英国数学家和哲学家，数理逻辑学先驱。

主要的数学成就：乔治·布尔于 1847 年出版了《逻辑的数学分析》，这是他对符号逻辑做出的第一次贡献。1854 年，他出版了《思维规律的研究》，这是其最著名的著作。在这本书中，他介绍了以他的名字命名的布尔代数。乔治·布尔撰写了微分方程和差分方程的教材，在英国，这些教材一直使用到 19 世纪末。由于他在符号逻辑运算中的特殊贡献，在计算机语言中，人们将逻辑运算称为布尔运算，将其结果称为布尔值。

切比雪夫

Pafnuty Lvovich Chebyshev

简介：俄国数学家、力学家，圣彼得堡数学学派的创始人。

主要的数学成就：切比雪夫在数论、概率论、函数逼近论、积分学等方面有重要的贡献。他证明了贝尔特兰公式、自然数列中素数分布定理、大数定律的一般公式以及中心极限定理。以他的名字命名的重要成果包括概率论中的切比雪夫不等式、数学分析中的切比雪夫多项式、数论中的伯特兰－切比雪夫定理和切比雪夫函数。另外，他不仅重视纯数学，而且十分重视数学的应用，特别是数学在力学应用方面做出了重要贡献。他首次解决了直动机构的理论计算方法，并由此创立了机构和机器的理论，提出了有关传动机械的结构公式。

$$P\{|X-E(X)| \geqslant b\} \leqslant \frac{Var(X)}{b^2}$$

切比雪夫不等式

1894年

黎曼

Georg Friedrich Bernhard Riemann

简介：德国数学家，黎曼几何学创始人，复变函数论创始人之一。

主要的数学成就：黎曼于 1854 年在格丁根大学讲演了题为《论作为几何学基础的假设》的报告，从而创立了黎曼几何学。黎曼将曲面本身看成一个独立的几何实体，而不是把它仅仅看作欧几里得空间中的一个几何实体。

黎曼在 1859 年发表了关于素数分布《论小于某给定值的素数的个数》的论文，文中论述了黎曼 ζ 函数，给出了 ζ 函数的积分表示与它满足的函数方程，指出了素数的分布与黎曼 ζ 函数之间存在深刻联系。该论文还包含了黎曼猜想的原始陈述，被认为是解析数论中最具影响力的论文之一。

黎曼猜想是至今没有被解决的最著名的数学问题之一。

他的名字还出现在黎曼积分、黎曼引理、黎曼流形、黎曼映照定理、黎曼－洛赫定理、黎曼－希尔伯特问题和柯西－黎曼方程等数学名词中。

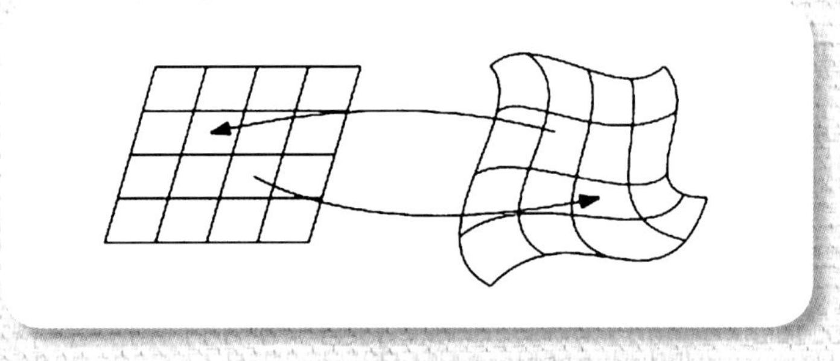

黎曼流形

索菲斯·李

Marius Sophus Lie

简介：挪威数学家，李群和李代数的创始人。

主要的数学成就：李的主要贡献在以他的名字命名的李群（Lie Group）和李代数（Lie Algebra）。1870 年，他从求解微分方程入手，依靠微分几何方法和射影几何方法建立起一种变换，将空间直线簇和球面一一对应。不久，他发现这种对应是连续的，能将微分方程的解表示出来并加以分类。由此，李引入了一般的连续变换群概念，并证明了一系列定理来完善他的理论。他把微分方程的自同构群作为工具，对二维群和三维群进行分类。1888 年—1893 年，李出版了 3 卷本的专著《变换群论》，后人为了纪念他的贡献，将有光滑结构的群改称“李群”。他还创立了“李代数”——一种由无穷小变换构成的代数结构，并研究了二者之间的对应关系。李代数现已成为现代代数学的重要分支。此外，李在代数不变量理论、微分几何学、分析基础和函数论等方面也有建树。

1845年

康托尔

Georg Cantor

简介：德国数学家，集合论的创始人。

主要的数学成就：两千多年来，科学家时不时地会接触到无穷，却又无力去把握和认识它，无穷的确是大自然向人类提出的尖锐挑战。康托尔以其思维之独特，想象力之丰富，方法之新颖，绘制了一幅人类智慧的精品——集合论和超穷数理论，令当时的数学界、甚至哲学界感到震惊。毫不夸张，关于“数学无穷的革命”几乎是由他一个人独立完成的。

康托尔给出了集合的定义。他还指出，如果一个集合能够和它的一部分构成一一对应，它就是无穷的。他又给出了开集、闭集和完全集等重要概念，并定义了集合的并与交两种运算。为了将有穷集合的元素个数的概念推广到无穷集合，他以一一对应为原则，提出了集合等势的概念。第一次对各种无穷集合按它们元素的“多少”进行了分类。他还引进了“可列集合”概念，即把凡是能和正整数构成一一对应的任何一个集合都称为可列集合。他证明了实数的势比自然数的势大，又构造了实变函数论中著名的康托尔集，还提出了“连续统假设”等。这些贡献都汇集到了他的著作《一般集合论基础》中。

康托尔集的构造示意图

1918年

庞加莱

Jules Henri Poincaré

简介：法国数学家、天体力学家、数学物理学家、科学哲学家。

主要的数学成就：庞加莱对数学、数学物理和天体力学做出了很多创造性与基础性的贡献。他的研究涉及数论、代数学、几何学、拓扑学等许多领域；他提出的庞加莱猜想是数学中最著名的问题之一；在研究三体的过程中，庞加莱首次发现了混沌确定系统，为现代的动力系统理论和混沌理论打下了基础。他比爱因斯坦的工作更早一步，起草了一个狭义相对论的简略版。庞加莱群以他的名字命名。

闵可夫斯基

Hermann Minkowski

简介：德国数学家，四维时空理论的创立者，爱因斯坦的老师。

主要的数学成就：闵可夫斯基研究的主要领域是数论、代数和数学物理。他于 1905 年建立了实系数正定二次型的约化理论，被称为“闵可夫斯基约化理论”。在数学物理方面，他认识到可以用非欧空间来描述洛伦兹和爱因斯坦的成果，把独立的时间和空间放在一个四维的时空结构中，即闵可夫斯基时空。闵可夫斯基时空为狭义相对论的建立奠定了基础。

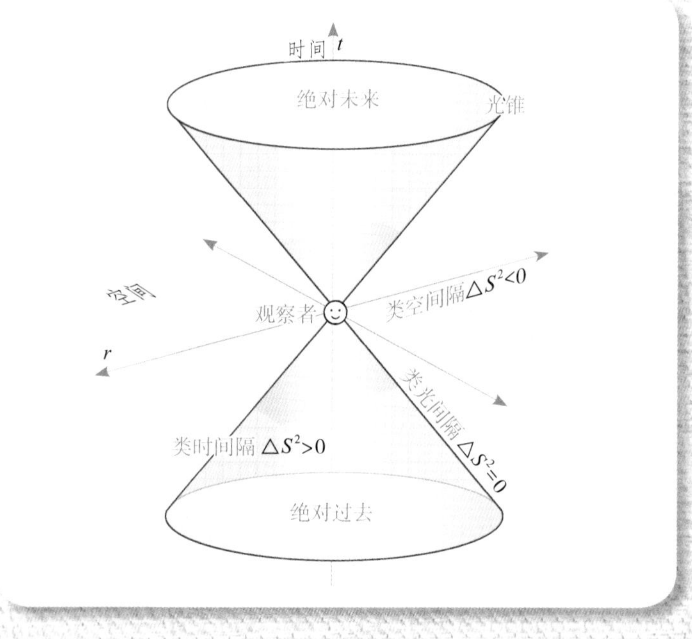

闵可夫斯基空间

1862年

希尔伯特

David Hilbert

简介：德国数学家。

主要的数学成就：希尔伯特对数学的贡献是巨大的和多方面的，研究领域涉及代数不变式、代数数域、几何基础、变分法、积分方程、无穷维空间、物理学和数学基础等。1899 年，他的著作《几何基础》成为近代公理化方法的代表作，且由此推动形成了“数学公理化学派”。可以说希尔伯特是近代形式公理学派的创始人，而希尔伯特空间理论则是泛函分析的基础之一。

1900 年，在巴黎举行的第二届国际数学家大会上，他提出了“希尔伯特的 23 个问题”，被认为是 20 世纪数学的制高点。人们对这些问题的研究有力地推动了 20 世纪数学的发展，并产生了深远的影响。希尔伯特和他的学生为量子力学和广义相对论的数学基础做出了重要的贡献。他还是证明论、数理逻辑、区分数学与元数学的奠基人之一。希尔伯特是 20 世纪最伟大的数学家之一，被人们尊称为“数学界的亚历山大”。

嘉当

Élie Joseph Cartan

简介：法国数学家。

主要的数学成就：嘉当对近代数学的发展做出了极大的贡献，他的研究涉及连续群论、微分方程与微分几何理论等。他从复数域的简单李代数工作开始，把恩格尔和基灵先前的工作整理起来，这被证明是具有决定性意义的一件大事。他也引入了代数群的概念。在微分几何学方面，他最主要的成就包括活动标架法、纤维丛的联络论，以及对称空间的研究。

罗素

Bertrand Arthur William Russell

简介：英国哲学家、数学家和逻辑学家。

主要的数学成就：罗素提出了罗素悖论，对20世纪数学基础产生了重大影响。罗素在1900年便认为数学是逻辑学的一部分，他试图建立逻辑主义数学体系，把整个数学归纳为逻辑学；1910年，他和他的老师阿弗烈·诺夫·怀海德一起发表了三卷本的《数学原理》，书中对逻辑主义数学体系做了系统的整理。

哈代

Godfrey Harold Hardy

简介：英国数学家。

主要的数学成就：哈代是数学界公认的将法国、瑞士和德国的严谨数学风格引入英国的数学家。他使用严密的定义与传统的推导方法进行研究工作，并逐渐发展出纯数学的概念。哈代在数学分析与解析数论上有重要贡献，他与李特尔伍德合作发展了哈代－李特尔伍德圆法，用以处理华林问题，并在解决素数分布问题的过程中收获颇丰，是20世纪英国分析学派的代表人物。尽管哈代偏好纯粹数学，他却是群体遗传学中哈代－温伯格定律的发现者之一。

埃米·诺特

Amalie Emmy Noether

简介：德国数学家。

主要的数学成就：埃米·诺特善于藉透彻的洞察，建立优雅而抽象的概念，再将之漂亮地形式化。她被爱因斯坦称为“数学史上最重要的女人”。她彻底改变了环、域和代数的理论。她还解释了对称性和守恒定律之间的根本联系，是抽象代数和理论物理学上声名显赫的人物。她允许学者无条件地使用她的成果，也因此被人们尊称为“当代数学文章的合著者”。

拉马努金

Srinivasa Ramanujan Aiyangar

简介：印度数学家。

主要的数学成就：拉马努金沉迷于数论，他喜欢用自然的审美与直觉推导出公式，不喜欢作证明，但他的理论在事后往往被证明是对的。他的一些尚未被证明的公式，启发了几位菲尔兹奖获得者。1997 年，《拉马努金期刊》创刊，用以发表“受拉马努金影响的数学领域”的研究论文，包括拉马努金自己的发现、他与哈代的合作中发现和证明的定理，例如，高度合成数的性质、整数分割函数和它的渐近线、拉马努金 θ 函数等。他也在下列领域做出了重大突破和发现：伽马函数、模形式、发散级数、超几何级数、质数理论。

1920年

巴拿赫

Stefan Banach

简介：波兰数学家，泛函分析的开创者之一。

主要的数学成就：巴拿赫的主要工作是引进“线性赋范空间”概念，并建立了其上的线性算子理论。他证明的三个基本定理概括了许多经典的分析结果，在理论和应用上都有重要的价值。人们把完备的线性赋范空间称为巴拿赫空间。此外，在实变函数论方面，他在 1929 年同 K. 库拉托夫斯基合作解决了一般测度问题。在集合论方面，他于 1924 年同 A. 塔尔斯基合作提出巴拿赫 - 塔尔斯基悖论。

1945年

1894年

维纳

Norbert Wiener

简介：美国应用数学家，控制论的创始人。

主要的数学成就：维纳在第二次世界大战期间接受了一项与火力控制有关的研究工作。这项工作促使他深入地探索用机器来模拟人脑的计算功能、建立预测理论并将其应用于防空火力控制系统。1948 年，维纳发表了《控制论》，宣告了这门新兴学科的诞生。该著作论述了机器中的通信原理，控制机能与人的神经、感觉机能的共同规律，为现代科学技术研究提供了崭新的科学方法；它从多个方面突破了传统思想的束缚，有力地促进了现代科学思维方式和当代哲学观念的变革。

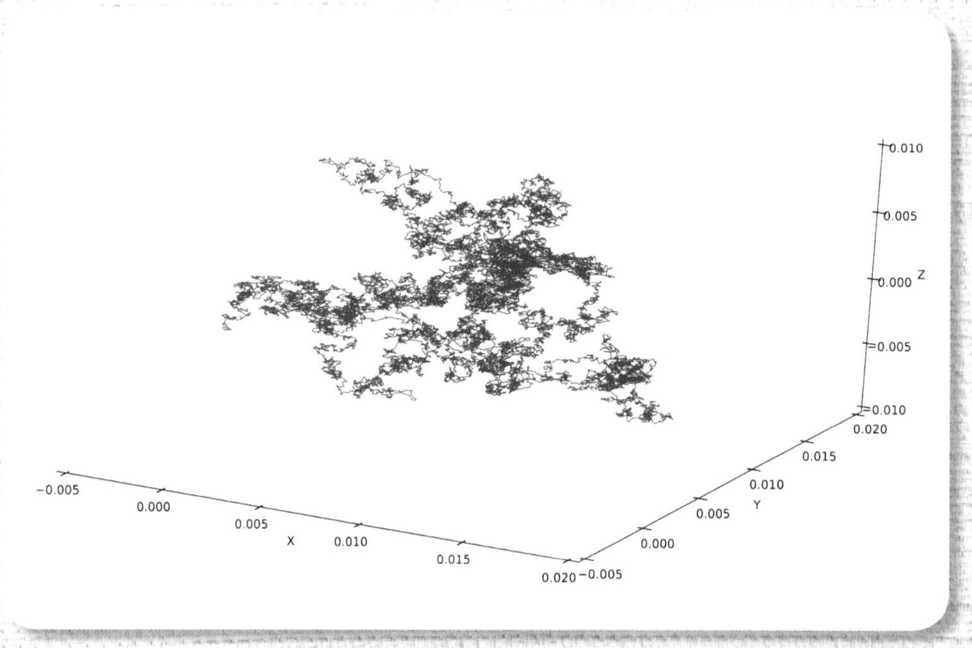

三维维纳过程的一个路径

1964年

1903年

柯尔莫哥洛夫

Andrey Nikolaevich Kolmogorov

简介：苏联数学家。

主要的数学成就：柯尔莫哥洛夫主要研究概率论、算法信息论、拓扑学、直觉主义逻辑、湍流、经典力学和计算复杂性理论，最为人们所称赞的是他对概率论公理化做出的贡献。

1924 年，在他读大学四年级时，就与数学家辛钦一起建立了独立随机变量的三级数定理。1934 年出版了巨著《概率论的基础》，该著作首次以测度论和积分论为基础，建立了概率论公理体系。这是一部具有划时代意义的巨著，在科学史上写下了光辉的一页。1935 年，他提出了可逆对称马尔可夫过程概念及其特征所服从的充要条件。这个过程概念成为统计物理、排队网络、模拟退火、人工神经网络、蛋白质结构等的重要模型。1955 年—1956 年，他和他的学生 Y.V.Prokhorov 开创了取值于函数空间上概率测度的弱极限理论，这个理论和数学家 A.B.Skorohod 的 D 空间理论是弱极限理论划时代的成果。

1987年

冯·诺伊曼

John von Neumann

简介：美籍匈牙利数学家、计算机科学家、物理学家，被后人称为“现代计算机之父”和“博弈论之父”。

主要的数学成就：早年，冯·诺伊曼在研究算子理论、共振论、量子理论、集合论等时，取得了开创性的成果，从而闻名于世，开创了冯·诺依曼代数。1944年，他与奥斯卡·摩根斯特恩合著《博弈论与经济行为》。该著作是博弈论学科的奠基性著作。从此，数学在社会科学中扮演着一个越来越重要的角色。晚年，他开始研究自动机理论，研究成果写在《计算机与人脑》一书中，为研制数字计算机提供了基础性的方案。

哥德尔

Kurt Gödel

简介：美籍奥地利数学家、逻辑学家和哲学家。

主要的数学成就：逻辑学和数学基础。20 世纪初，他证明了形式数论（算术逻辑）系统的“不完全性定理”，他还致力于连续统假设的研究。1930 年，他采用一种不同的方法证明了选择公理的相容性。3 年后，他又证明了广义连续统假设的相容性定理。他的研究对公理集合论有重要的影响，直接产生了集合和序数上的递归论。他被认为是 20 世纪最伟大的逻辑学家之一。

许宝騄

Xu Baolu（Pao - Lu Hsu）

简介：中国数学家，中国概率论和数理统计学科的开创者。

主要的数学成就：许宝騄主要从事数理统计学和概率论研究，他最早发现线性假设似然比检验（F 检验）的优良性，推导出多元统计的若干重要分布，推动了矩阵论在多元统计中的应用；他与 H.Robbins 共同提出完全收敛的概念，优化了强大数定律。在数理统计和概率论方面，他是第一个具有国际声望的中国数学家。他不仅在多元分析方面有开创性的工作，还培养了安德森、奥肯等，使他们成为国际上多元分析学术的带头人，被公认为是多元统计分析的奠基人之一。

1970年

华罗庚

Hua Luogeng（Loo - Keng Hua）

简介：中国数学家，被称为“中国现代数学之父”。

主要的数学成就：华罗庚只取得过初中文凭，初中毕业后，他用五年自学了高中和大学的全部数学课程。

华罗庚主要从事解析数论、矩阵几何学、典型群、自守函数论、多复变函数论、偏微分方程、高维数值积分等领域的研究。在研究过程中，他解决了高斯完整三角和的估计难题、改进了华林和塔里问题、证明了一维射影几何基本定理、探索了近代数论方法的实际应用等问题，被芝加哥科学技术博物馆列为当今世界上 88 位数学伟人之一。国际上以华氏命名的数学科研成果有“华氏定理”、“华氏不等式”和“华 - 王方法”等。

陈省身

Chen Xingshen（Shiing - Shen Chern）

简介：美籍中国数学家。

主要的数学成就：陈省身使用微分几何与拓扑方法，先后完成了两项划时代的重要研究：其一，高斯 – 博内定理的内蕴证明；其二，埃尔米特流形的示性类，也即“Chern Characteristic Class（陈氏示性类）”，简称为陈类。他还发展了纤维丛理论，其影响遍及数学的各个领域；他建立了高维复流形上的值分布理论，包括 Bott-Chern(博特 – 陈) 定理，影响了代数数论的发展；他引入的陈氏示性类与 Chern-Simons(陈 – 西蒙斯) 微分式，已深入到理论物理领域，成为研究理论物理的重要工具。陈省身是 20 世纪最伟大的几何学家之一，被誉为“现代微分几何之父”。

2004年

图灵

Alan Mathison Turing

简介：英国计算机科学家、数学家、逻辑学家、密码分析学家和理论生物学家，被誉为“计算机科学与人工智能之父”。

主要的数学成就：在图灵的重要论文《论可计算数及其在判定问题上的应用》中，描述了一种可以辅助数学研究的机器——图灵机，为现代计算机的逻辑工作方式奠定了基础。图灵机第一次在纯数学符号逻辑和实体世界之间建立了联系。现在，我们熟知的计算机以及“人工智能”，都是基于这个设想的。他还提出了一种用于测试机器能否表现出与人等价或无法区分的智能的试验方法，即图灵测试。

图灵机

盖尔范德

Israel Moiseevich Gelfand

简介：苏联数学家，生物学家。

主要的数学成就：盖尔范德的研究领域十分广泛，包括巴拿赫代数、调和分析、群表示论、积分几何、广义函数、无穷维李代数的上同调、微分方程、生物学和生理学。他建立了赋范环论，即交换巴拿赫代数论。他运用代数方法引进了极大理想子环空间，给出了元素在环空间上表示（盖尔范德表示）的概念。他将线性算子谱论推广到赋范代数的元素上。他与 M.A. 奈玛克合作，于 1943 年开创了 C*- 代数的研究，研究结果成为泛函分析的重要内容之一。此外，他在酉表示理论及广义函数论方面都有建树。

2009年

香农

Claude Elwood Shannon

简介：美国数学家、电子工程师和密码学家，被誉为“信息论的创始人”。

主要的数学成就：香农提出了“信息熵”的概念，为信息论和数字通信奠定了基础。他将热力学系统中熵的概念引申到信道通信的过程中，证明了熵与信息内容的不确定程度有等价关系，开创了“信息论”这门学科。另外，在硕士论文中，他用布尔代数分析并优化开关电路，奠定了数字电路的理论基础。他的主要论文有：1938 年的《继电器与开关电路的符号分析》、1948 年的《通信的数学理论》和 1949 年的《噪声下的通信》。

$$H = -\sum P_i \log P_i$$

信息熵公式

吴文俊

Wu Wenjun（Wen-Tsun Wu）

简介：中国数学家。

主要的数学成就：吴文俊的研究工作涉及数学的诸多领域，其主要成就表现在拓扑学和数学机械化两个领域。他关于示性类和示嵌类的研究被国际数学界称为“吴示性类”“吴示嵌类”“吴公式”，已成为20世纪拓扑学的经典。他发明的“吴方法”的数学机械化方法，至今仍被国际同行在求解代数方程和偏微分代数分程组时广泛引用。

2017年

1920年

冯康

Feng Kang

简介：中国数学家，中国现代计算数学和科学工程计算学科的奠基者。

主要的数学成就：冯康主要研究拓扑群、广义函数、应用数学、计算数学、科学与工程计算等。20 世纪 50 年代末期，他使用“基于变分原理的差分格式”的方法，独立于西方创始了有限元方法理论，用于求解偏微分方程；20 世纪 80 年代末期，他又提出并发展了求解哈密顿型方程的辛几何计算方法，在国际上首创间断有限元函数空间的嵌入理论，并提出了自然边界元法。

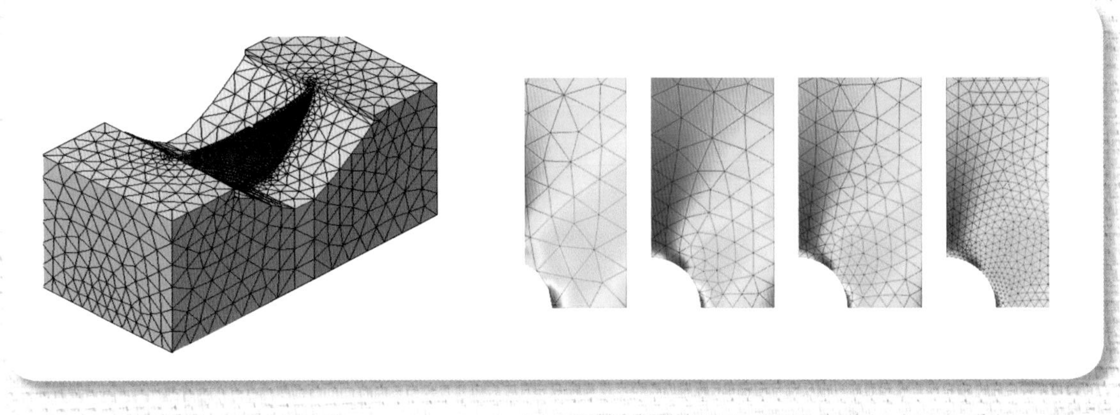

水坝网格　　网格加密

1993年

曼德博

Benoit B. Mandelbrot

简介：波兰数学家。

主要的数学成就：曼德博的研究范围非常广泛，从数学、物理到金融数学，但他最大的成就则是创立了分形几何。曼德博创立了“粗糙理论”和“自相似性”,并创造了“分形”一词,用于描述那些复杂的、无穷尽的分形形状,为了纪念他在分形上的巨大贡献,曼德博集合以他的名字命名。他的代表作是《大自然的分形几何学》，该书广泛地激发了人们对分形学的兴趣。

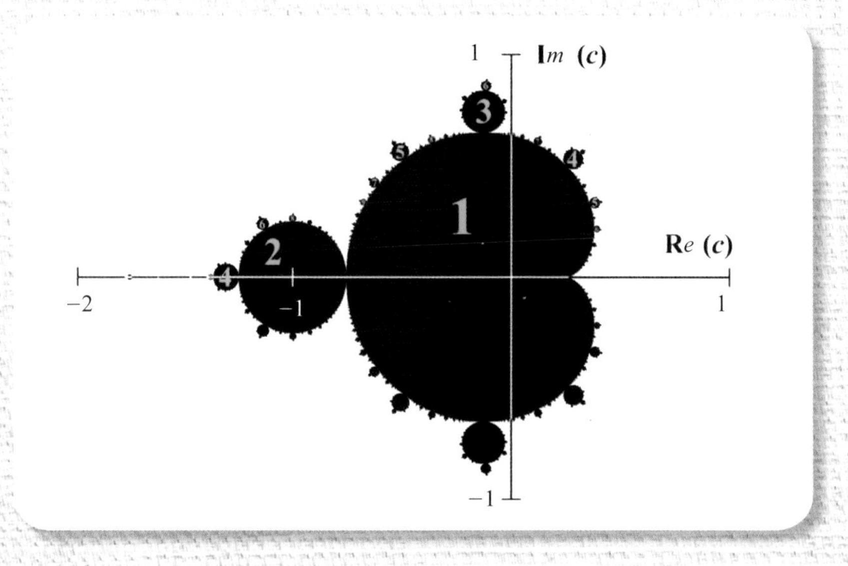

曼德博集合及其轨道周期性

格罗滕迪克

Alexander Grothendieck

简介：法国数学家。

主要的数学成就：格罗滕迪克是现代代数几何的奠基者。他的研究极大地拓展了代数几何领域，并将交换代数、同调代数、层论以及范畴论的主要概念纳入代数几何领域。他的“相对”观点影响了纯粹数学的很多领域，带来革命性的进展。他的著作《代数几何原理》把代数几何的基础系统地建立在概型理论之上，该著作被称为“现代代数几何的奠基之作”。

2014年

阿蒂亚

Michael Francis Atiyah

简介：英国数学家。

主要的数学成就：阿蒂亚的早期研究主要集中在代数几何领域。受格罗滕迪克影响，他与弗里德里希·希策布鲁赫一起创立了拓扑 K 理论，这是第一个重要的广义上同调理论。1963 年，他与艾沙道尔·辛格合作，用椭圆算子证明了著名的阿蒂亚 - 辛格指标定理。此定理在微分方程、复几何、泛函分析以及理论物理学中均有深远的应用，被公认为“20 世纪最重要的数学成果之一”。

1933年

陈景润

Chen Jingrun

简介：中国数学家。

主要的数学成就：陈景润主要研究解析数论。1966年，他发表了《大偶数表为一个素数及一个不超过二个素数的乘积之和》（简记为“1,2”或“1+2”），成为哥德巴赫猜想研究上的里程碑，他的成果被称为“陈氏定理”。1978年，陈景润用与证明哥德巴赫猜想“1+2”相同的筛法证明了孪生素数猜想中的“2-1”。

1996年